Nielrow Editions © 2018

DIJON

ISBN : 978-2-9559619-5-7

TRAJECTOIRES DES FUSÉES VOLANTES DANS LE VIDE

1873

par

Casimir-Erasme Coquilhat

Général major ; officier de l'ordre de Léopold ; décoré de la Croix commémorative ; chevalier de l'ordre du Lion néerlandais, de l'Aigle rouge de 3ème classe, de St Stanislas de 2ème classe, de Ste Anne de 2ème classe, du Medjidié ; commandeur de l'ordre de la Tour et l'Épée ; membre de la Société royale des sciences de Liège.

AVANT-PROPOS

On a attribué, il y a quelques années, lors du 59ème Congrès international d'astronautique à Glasgow, la paternité des formules mathématiques relatives à la propulsion des fusées destinées à l'espace, à Casimir Coquilhat. A tort, déclarons-le tout de suite. Sa contribution à la résolution du problème des lanceurs n'a pas la même portée que celle issue des recherches d'un Constantin Tsiolkovsky (1857-1935) qui lui, est unanimement considéré comme le père de l'astronautique. Les raisons d'un doute de notre part sur le sujet est légitime. D'abord le vide, dont le titre du mémoire de Casimir Coquilhat fait état, n'est pas celui de l'espace sidéral ; ensuite, le mouvement des fusées qu'il décrit s'effectue uniquement dans l'atmosphère ; enfin, à aucun moment de ce mémoire, il n'est fait allusion à l'espace, ni aux voyages qu'il est possible d'y effectuer, contrairement à Tsiolkovsky qui en avait fait l'objet de toutes ses recherches, voire à Victor Coissac - dont nous avons réédité l'ouvrage de 1916 *La Conquête de l'Espace* -, plus tardif mais qui à l'instar de son illustre prédécesseur avait touché le fond des problèmes soulevés par la propulsion des engins spatiaux. Or, Coquilhat s'en tient dans son mémoire aux fusées de guerre ou fusée volantes, à celles qu'il appelle fusées de réjouissance, autrement dit les feux d'artifice, et aux fusées destinées aux signaux. Nous sommes donc plus près de la pyrotechnie que de l'astronautique. Une preuve de plus qu'il ne songeait pas aux voyages spatiaux c'est qu'en aucun cas les fusées munies d'une baguette ou de plusieurs, comme on en voit sur les engins pyrotechniques qu'on trouve dans le commerce, n'auraient été capables d'envoyer quoi que ce soit dans le cosmos en matière de satellites.

Quant aux deux "vides" dont un figure dans le titre de son mémoire, citons notre auteur :

« *La composition fusante, tassée uniformément dans le cartouche, présente vers l'arrière, à la partie opposée à la tête, un vide généralement conique et concentrique à la fusée. Ce vide a pour but d'accélérer la combustion de la composition fusante, en augmentant la surface d'inflammation, et en rendant ainsi plus rapide la production des gaz.* »

Il s'agit au vrai d'une vacuité technique dont le sens ne doit pas faire illusion. L'argument peut sembler trivial, mais il faut préciser les choses. Ensuite :

« *Les gaz s'échappent par l'ouverture qu'offre le cartouche à la partie opposée à la tête. Leur réaction contre la partie restante de la composition détermine le mouvement de la fusée. Il en résulte que cet artifice ferait son ascension aussi bien et même mieux dans le vide que dans l'air. Ce n'est donc pas la résistance ou l'appui que les gaz moteurs rencontrent dans l'air, à leur sortie du cartouche, qui leur permet de propulser la fusée dans une direction opposée à leur propre mouvement .*»

Ici, Coquilhat a parfaitement raison en affirmant que la fusée *ferait son ascension aussi bien et même mieux dans le vide que dans l'air ;* mais pour lui il s'agit d'un vide théorique et absolument pas du vide spatial ou cosmos. D'ailleurs, en 1871 la science émettait toutes ses hypothèses dans le cadre d'un espace éthérien et continuera à le faire au-delà des expériences de Michelson et de Morley, jusqu'à ce qu'Einstein se débarrasse complètement de cet éther encombrant, en s'inspirant d'ailleurs fortement d'autres physiciens. Or Coquilhat ne dit mot sur l'éther, ni sur l'éventualité du lancement d'un engin quelconque dans un cosmos vide, ce qui pour le coup aurait pu constituer une première en matière scientifique. Il affirme simplement dans ce paragraphe que la fusée ne se meut pas grâce à un appui sur l'air, mais qu'elle est en quelque sorte autonome. Ce qui, il est vrai, n'était pas l'avis de tout le monde alors.

Casimir Coquilhat a donc fait oeuvre de mathématicien, d'ingénieur militaire, mais pas de physicien en astronautique, terme anachronique en diable ; et chacun l'aura compris, l'intention n'y était pas.

Est-ce à dire qu'il faille oublier ce mémoire pour non-conformité aux critères irrécusables de l'histoire des Sciences et du temps qui passe ? Sûrement pas. Et si nous publions cette étude sur la propulsion des fusées de guerre ou de feux d'artifice, c'est qu'elle présente un intérêt certain — outre son objet premier — pour l'histoire de l'Astronautique, quand même, et précisément l'histoire des lanceurs, au même titre que les équations de Newton, William Moore, Tsiolkovky, et surtout Robert Hutchings Goddard y ont contribué.

Quoi qu'il en soit, chacun pourra ici se faire sa propre opinion.

Nielrow

TRAJECTOIRES DES FUSÉES VOLANTES DANS LE VIDE

*

MOUVEMENT DES FUSÉES VOLANTES

*

(IN *MÉMOIRES DE LA SOCIÉTÉ ROYALE DES SCIENCES DE LIÈGE*

2ème série – tome V)

De la fusée et de sa force motrice

La fusée volante est un artifice de guerre ou de réjouissance qui se meut par la réaction des gaz que développe la combustion de la composition fusante.

La fusée se compose de trois parties :

1° La partie antérieure ou la *tête*, de forme ordinairement conique ou ogivale.

La tête renferme un ou plusieurs projectiles explosifs, si la fusée est de guerre ou à la congrève, ou bien des artifices qui produisent des feux colorés et diversement composés ou détonants, si la fusée est de réjouissance ou de signaux.

2° Le corps de la fusée, formé de la composition fusante et de son enveloppe cylindrique, le *cartouche*.

3° D'un appendice placé à la partie postérieure ou *baguette directrice*, souvent nommé la *queue*, qui sert à assurer la direction de la fusée dans l'air.

La tête et le corps de la fusée sont des solides de révolution concentriques autour d'un même axe, et dont le centre de gravité, sensiblement sur l'axe de figure, est placé le plus avant possible vers la tête de la fusée, afin d'empêcher celle-ci de se renverser par l'effet de la résistance de l'air.

La composition fusante, tassée uniformément dans le cartouche, présente vers l'arrière, à la partie opposée à la tête, un vide généralement conique et concentrique à la fusée. Ce vide a pour but d'accélérer la combustion de la composition fusante, en augmentant la surface d'inflammation, et en rendant ainsi plus rapide la production des gaz.

Les gaz s'échappent par l'ouverture qu'offre le cartouche à la partie opposée à la tête. Leur réaction contre la partie restante de la composition détermine le mouvement de la fusée. Il en résulte que cet artifice ferait son ascension aussi bien et même mieux dans le vide que dans l'air. Ce n'est donc pas la résistance ou l'appui que les gaz moteurs rencontrent dans l'air, à leur sortie du cartouche, qui leur permet de propulser la fusée dans une direction opposée à leur propre mouvement.

La queue est un prolongement de la fusée en arrière de l'orifice par où les gaz s'écoulent. Ce prolongement est tantôt une enveloppe concentrique ou symétrique au cartouche et ayant son centre de gravité sur son axe ; tantôt la queue est une baguette ou règle en bois adaptée extérieurement au cartouche et parallèlement à sa surface. On voit de suite qu'une seule baguette extérieure au cartouche doit déplacer le centre de gravité du système, et le faire sortir de l'axe de la fusée, où il est très important cependant qu'il se maintienne pendant toute la durée de la trajectoire. On remédierait à ce défaut en disposant deux ou plusieurs baguettes symétriquement autour du cartouche : ou bien encore en substituant à la baguette un cylindre creux, ou tube, en bois ou en métal léger et concentrique à l'axe de la fusée ; et c'est ce qui se pratique pour les fusées de guerre perfectionnées.

Nous ne voulons pas examiner ici ces différents moyens ; nous constaterons seulement que les fusées volantes forment deux classes, dont l'une a son centre de gravité sur l'axe de figure et affecte la forme symétrique par rapport à cet axe ; l'autre classe possède des appendices extérieurs qui détruisent la symétrie de l'objet, et déterminent une position du centre de gravité en dehors de l'axe de figure.

La première classe des fusées donne le tir le plus régulier et c'est celle-là qu'il convient d'employer : nous en étudierons le mouvement en premier lieu et nous nous occuperons ensuite de la deuxième classe.

Souvent, afin de mieux assurer la direction de la fusée, outre son mouvement de translation, on lui imprime un mouvement de rotation autour de l'axe, en laissant échapper les gaz par de petits orifices latéraux, percés à la surface extérieure du cartouche et à l'extrémité opposée à la tête. Ces orifices sont disposés de manière que les gaz prennent une direction oblique, que l'on favorise en y adaptant de petits tuyaux. La vitesse de rotation dont la fusée est animée, l'empêche de dévier dans l'air. C'est cette même rotation qui s'oppose au renversement des projectiles allongés lancés par les armes à feu rayées.

On a aussi essayé de produire la rotation en exposant à la résistance de l'air des ailettes, ou des cannelures pratiquées à la surface du cartouche, et disposées obliquement par rapport à l'axe de la fusée. Enfin on a cherché à prévenir le renversement en disposant, à l'arrière de la fusée, des surfaces propres à augmenter la résistance de l'air, et en plaçant le centre de cette résistance, fortement en arrière du centre de gravité. Nous ne nous occuperons pas de ces divers dispositifs.

La composition fusante est fortement tassée dans le cartouche, afin que la masse entière ne puisse prendre feu instantanément, ce qui déterminerait des explosions dangereuses et nuisibles à l'effet utile, parce que la force vive due à l'action des gaz, au lieu d'être concentrée et dirigée sur le mobile, agirait en tous sens et perdrait son énergie.

Il est important que la tension des gaz, au sortir de la fusée, soit la plus forte possible, afin d'en augmenter la réaction contre le mobile. On remarque, en effet, que la tension des gaz produits par la combustion de la poudre augmente dans un rapport beaucoup plus grand que celui de leurs densités. A cet effet, il faut non seulement favoriser la rapide production des gaz, mais il faut aussi, dans une certaine mesure, retarder leur sortie du cartouche après leur formation, en rétrécissant l'ouverture par laquelle ils s'échappent. C'est donc par un orifice circulaire, concentrique à l'axe, et d'un diamètre moindre que celui intérieur du cartouche, qu'a lieu la fuite des gaz.

La composition fusante est homogène et régulièrement tassée, afin de produire des effets réguliers et un tir plus juste.

On a fait beaucoup d'études et de travaux intéressants sur la question de produire le plus grand développement des gaz, sur le poids, la forme et les dimensions des fusées de guerre ; mais ces recherches sont du domaine de la technologie, et nous ne nous en occuperons pas.

La composition fusante est supposée brûler uniformément, par couches d'égales épaisseurs pour des temps égaux ; ces épaisseurs se mesurent suivant les normales aux surfaces comburantes. Nous admettrons que le vide intérieur primitif que présente la composition fusante est un cône, dont la base est un cercle de même diamètre que celui intérieur du cartouche. Les couches de composition comburées dans des temps égaux étant toujours d'égales épaisseurs, la surface comburante se mouvra parallèlement à elle-même dans l'intérieur du cartouche, et ne cessera pas d'être égale à la surface du cône primitif.

Il s'ensuit que le volume du vide, produit par la combustion, en d'autres termes, que le volume de la composition brûlée sera celui d'un cylindre, dont la base est égale à la section droite intérieure du cartouche et dont la longueur est celle du chemin parcouru par la surface comburante, et, comme cette longueur est proportionnelle au temps, la quantité des gaz produits sera également proportionnelle au temps.

Les gaz s'écouleront par l'orifice extérieur du cartouche en quantités constantes pour chaque unité de temps, et leur réaction ou *la force motrice de la fusée sera constante*. Soient :

l la vitesse de combustion, ou la longueur de composition brûlée dans l'unité de temps ;

t le temps écoulé depuis le commencement de la combustion ;

R le rayon du cercle intérieur du cartouche ;

δ la masse de composition sous l'unité de volume ;

m la masse de composition brûlée dans l'unité de temps ;

F la force motrice constante de la fusée ;

M la masse primitive de la fusée ;

φ la force accélératrice de la fusée au bout du temps t,

on aura la relation $m = \delta \pi R^2 l.$

D'ailleurs la quantité de composition brûlée au bout du temps *t* sera *mt.*

Cette expression indiquera aussi la perte qu'a subie la masse de la fusée au bout du temps *t* ; *M-mt* indiquera la masse restante de la fusée au bout du temps *t*.

La force accélératrice est égale au quotient de la force motrice par la masse à laquelle elle est appliquée : on a donc

$$\varphi = \frac{F}{M - mt}$$

La résultante de l'action des gaz ou la force motrice *F*, s'exercera constamment suivant l'axe du cartouche.

PREMIÈRE CLASSE DES FUSÉES.

(Le centre de gravité coïncide avec le centre de figure.)

Trajectoire dans le vide, l'axe de la fusée faisant un angle θ avec l'horizon.

Outre les notations précédentes nous représenterons par

g la force accélératrice due à l'action de la pesanteur ;

x } les coordonnées rectangulaires de la trajectoire comprises

y } dans le plan vertical du tir.

Nous placerons l'origine des coordonnées sur la pointe de la fusée au moment initial de la combustion de la composition fusante.

La force motrice de la fusée et l'action de la pesanteur étant appliquées au centre de gravité du mobile, ne peuvent lui imprimer aucun mouvement de rotation ; il s'ensuit que dans le vide la fusée se mouvra en restant constamment parallèle à elle-même, et ne pourra sortir du plan vertical passant par son axe, et que l'inclinaison primitive θ de l'axe de la fusée sur l'horizon ne variera pas pendant la durée de la trajectoire.

Les composantes des forces accélératrices φ et g qui agissent sur la fusée sont

$$\frac{F\cos\theta}{M-mt}$$, composante horizontale.

$$\frac{F\sin\theta}{M-mt}-g \quad , \qquad » \quad \text{verticale.}$$

On a les deux premières équations

$$\frac{d^2 x}{dt^2}=\frac{F\cos\theta}{M-mt} \quad (1)$$

$$\frac{d^2 y}{dt^2}=\frac{F\sin\theta}{M-mt}-g \quad (2)$$

L'intégration donne, en supposant pour la détermination des constantes que la vitesse initiale soit nulle à l'origine du mouvement,

$$\frac{dx}{dt}=\frac{F\cos\theta}{m}\log\left(\frac{M}{M-mt}\right) \quad (3)$$

$$\frac{dy}{dt}=\frac{F\sin\theta}{m}\log\left(\frac{M}{M-mt}\right)-gl \quad (4)$$

On obtient pour les nouvelles intégrales, en admettant qu'on ait à la fois :

$$x = 0, \; y = 0 \; \text{et} \; t=0 \; ,$$

$$x = \frac{F \cos \theta}{m^2} [(M - mt) \log (\frac{M - mt}{M}) + mt] \quad (5)$$

$$y = \frac{F \sin \theta}{m^2} [(M - mt) \log (\frac{M - mt}{M}) + mt] - \frac{g t^2}{2} \quad (6)$$

On a d'ailleurs pour la vitesse à un instant quelconque t,

$$v = \sqrt{\frac{F}{m} \log (\frac{M}{M - mt})[\frac{F}{M} \log (\frac{M}{m - mt}) - 2gt \sin \theta] + g^2 t^2} \quad (7)$$

Enfin le coefficient angulaire de la tangente à la trajectoire a pour valeur

$$\frac{dy}{dx} = tg\, \theta - \frac{mgt}{F \cos \theta \log (\frac{M}{M - mt})} \quad (8)$$

Les formules (3) à (8) contiennent la solution complète du problème.

L'équation (2)

$$\frac{d^2 y}{dt^2} = \frac{F \sin \theta}{M - mt} - g$$

exprime la composante verticale de la force accélératrice. Si nous faisons $t = 0$ nous aurons pour l'expression de cette composante à l'origine du mouvement

$$\frac{F \sin \theta}{M} - g$$

Si cette quantité est positive ou si

$$F \sin \theta > gM.$$

la composante verticale de la force motrice due à la réaction des gaz, l'emportera sur le poids gM de la fusée ; celle-ci s'élèvera et le mouvement de translation se produira.

Mais si, au contraire, on avait

$$F \sin \theta < gM \,,$$

la fusée serait sollicitée au-dessous de l'horizon. Les circonstances du mouvement varieraient alors suivant les moyens employés pour soutenir la fusée au moment de la mise du feu.

Le plus souvent la fusée est placée dans un auget incliné suivant l'angle θ du départ. Dans ce cas la résistance de l'auget empêche la fusée de descendre, et celle-ci reste en place jusqu'au moment où, devenant plus légère par la combustion d'une partie de la composition fusante, on ait

$$\frac{F \sin \theta}{M - mt} > g \,,$$

et c'est seulement à partir de cet instant que le mouvement commence.

Il est donc important, pour ne pas brûler inutilement de la composition fusante, de régler le poids de la fusée et l'angle initial du tir de manière que l'on ait

$$F \sin \theta > gM.$$

Dans la pratique on choisit de préférence les hauteurs, des montagnes, des édifices, etc., pour le tir des fusées ; on peut alors les suspendre avec de la mèche à étoupille ou d'autres artifices qui brûlent au moment de la prise de feu et laissent la fusée entièrement libre.

Le mobile possède ainsi la faculté de s'abaisser sans toucher le sol et de commencer le mouvement de translation sans attendre que la combustion ait assez réduit le poids de la fusée pour que l'on ait

$$\frac{F \sin \theta}{M - mt} > g. \quad .$$

Il résulte des équations (1) et (2) que la force accélératrice de la fusée croît constamment avec le temps t jusqu'au moment où toute la composition est brûlée, et à partir duquel la force motrice F est nulle.

Soit λ la masse totale de la composition fusante ; le maximum de la force accélératrice aura lieu lorsque t satisfera à la condition

$$\lambda = mt \; ;$$

et la force motrice maximum de la fusée due à la production des gaz sera exprimée par

$$\frac{F}{M - \lambda}.$$

A partir de l'instant

$$t = \frac{\lambda}{m},$$

la force motrice due à la combustion de la composition fusante n'existant plus, la fusée continuera à se mouvoir en vertu de la vitesse acquise et de l'action de la pesanteur, et la nouvelle partie de la trajectoire qu'elle décrira sera une courbe parabolique dont nous ne nous occuperons pas. Il résulte des équations (5) et (6) que

$$\theta = 90°,$$

est l'angle de tir qui procure la plus grande élévation à laquelle la fusée peut atteindre et que

$$\theta = 0°,$$

donne la plus grande portée horizontale.

Remarquons d'ailleurs que sous un angle de départ nul ou $\theta = 0°$, la fusée descend immédiatement au-dessous du plan horizontal qui la contient et il se présentera deux cas : ou bien ce plan est réel, c'est-à-dire qu'il est le sol lui-même, et alors la fusée ou sera arrêtée, ou serpentera sur le sol, ou fera des bonds, toutes circonstances qui, dans l'état actuel de la question, ne peuvent être soumises au calcul ; ou bien ce plan est fictif, c'est-à-dire que la fusée se trouve sur une élévation, et dans ce cas elle parcourra sa trajectoire, tout en restant parallèle à elle-même et horizontale et en s'abaissant continuellement sous l'action de la pesanteur.

C'est donc avec raison que les fuséens recherchent les positions élevées pour y établir leurs batteries.

L'équation (8)

$$\frac{dy}{dx} = tg\,\theta - \frac{mgt}{F\cos\theta \log(\frac{M}{M-mt})} \quad (8)$$

donne la direction de la tangente à la trajectoire à un instant quelconque t.

Faisons $t = 0$ et soit θ' l'angle de départ, on a

$$tg\,\theta' = tg\,\theta - \frac{0}{0}.$$

La valeur $\frac{0}{0}$ indique un facteur commun aux deux termes de la partie fractionnaire de l'équation (8), facteur qui devient nul pour l'hypothèse $t=0$, et qu'il importe de faire disparaître.

Pour trouver la vraie valeur de cette expression, plusieurs moyens se présentent, nous nous contenterons d'indiquer la substitution dans l'équation (8) du développement en série de l'expression $\log\frac{M}{M-mt}$, qui met en évidence le facteur t ; on le supprime, on fait ensuite $t=0$, et il en résulte

$$tg\,\theta' = tg\,\theta - \frac{Mg}{F\cos\theta} \quad (9)$$

Ainsi, la direction initiale θ' de la trajectoire est plus petite que l'inclinaison de la fusée.

Il en résulte qu'il doit nécessairement y avoir un choc de celle-ci contre l'auget au moment du départ, et ce n'est qu'en employant les suspensions déjà indiquées qu'on peut éviter ce choc.

A mesure que t augmente à partir de 0, $\frac{dy}{dx}$ (éq. 8) augmente également. Le maximum de valeur que t peut acquérir est celle qui a lieu lorsque toute la composition fusante est brûlée, c'est-à-dire quand on a $mt = \lambda$.

Plus le rapport entre la masse de la composition fusante relativement à celle totale de la fusée est grand et se rapproche de l'unité, plus longtemps dure la combustion, ce qui amène une augmentation de la force accélératrice et un accroissement de $\frac{dy}{dx}$.

Dans les fusées bien construites, le rapport $\frac{\lambda}{M}$ doit être aussi fort que possible. On peut se demander, au point de vue de l'analyse, vers quelles valeurs convergent les divers éléments du mouvement de la fusée, à mesure que $\frac{\lambda}{M}$ devient plus grand.

Passons à la limite et examinons pour un moment la circonstance irréalisable où l'on aurait

$$\frac{\lambda}{M} = 1 \text{ , et } mt = M .$$

Dans cette hypothèse l'équation (8) donne

$$\frac{dy}{dx} = tg\,\theta.$$

Ainsi l'axe prolongé de la fusée au moment du tir est constamment au-dessus de la trajectoire et est parallèle à la tangente à la courbe au point de la trajectoire qui répond à $mt = M$. La trajectoire tourne d'ailleurs sa convexité vers la terre.

Soit : θ'' l'angle que fait la tangente à la trajectoire au moment où toute la composition est brûlée : on aura alors

$$\lambda = mt \quad \text{d'où} \quad t = \frac{\lambda}{m}.$$

Cette valeur de t introduite dans l'équation (8) donne

$$tg\,\theta'' = tg\,\theta - \frac{g\lambda}{F\cos\theta\log(\dfrac{M}{M-\lambda})} \quad (10)$$

La courbe parcourue par la fusée est parfaitement définie ; elle est inférieure à l'axe prolongé de la fusée au moment du tir, elle tourne sa convexité vers le sol, et la tangente à la trajectoire se relève constamment et se rapproche de plus en plus du parallélisme avec l'inclinaison primitive de la fusée, parallélisme qu'elle atteindrait dans l'hypothèse irréalisable

$$\lambda = mt = M.$$

La trajectoire étant constamment au-dessous de la position primitive de l'axe de la fusée et toujours supérieure à la tangente initiale à la trajectoire, il s'ensuit que celle-ci est comprise dans l'angle formé par ces deux droites.

L'équation (7)

$$v = \sqrt{\frac{F}{m}\log(\frac{M}{M-mt})[\frac{F}{M}\log(\frac{M}{m-mt}) - 2gt\sin\theta] + g^2 t^2} \quad (7)$$

fait voir que v augmente constamment en même temps que t, et devient infini pour $mt = M$. La plus grande valeur que v puisse acquérir est celle qui répond au moment où toute la composition fusante est brûlée ; on l'obtiendrait en faisant dans cette équation.

$$t = \frac{\lambda}{m}.$$

Si l'on fait $m=0$ dans l'équation (7), il vient $v = \frac{0}{0}$.

Pour mettre en évidence le facteur commun aux deux termes de la fraction qui forme le second membre de l'équation (7), remplaçons le logarithme par son développement en série

$$\log \frac{m}{M-mt} = \frac{mt}{M}[1 + \frac{mt}{2M} + \frac{m^2 t^2}{3M^2} + \frac{m^3 t^3}{4m^3} + ...],$$

il s'ensuit :

$$\frac{F}{m}\log\frac{M}{M-mt} = \frac{Ft}{M}[1 + \frac{mt}{5M} + \frac{m^2 t^2}{3M^2} + \frac{m^3 t^3}{4M^3} + ...].$$

Cette expression se réduit à $\frac{Ft}{m}$ pour $m=0$.

En appelant v' la valeur de v correspondante à cette hypothèse particulière on a :

$$v' = \sqrt{\frac{Ft}{M}[\frac{Ft}{M} - 2gt\sin\theta] + g^2 t^2} \quad (11)$$

Cette vitesse v' serait celle qu'on obtiendrait si la fusée était propulsée par une force motrice constante produite sans combustion de composition fusante, ou si sa masse restait invariable.

La forme des équations (7) et (11) fait voir que, toutes choses égales d'ailleurs, la vitesse v' est inférieure à la vitesse v. Ainsi, plus la composition fusante est inflammable, plus la masse restante de la fusée diminue et plus rapidement augmente la vitesse v.

Dans le cas où l'on aurait $\theta = 90°$, la quantité sous le radical de l'équation (7) devient un carré parfait et l'on a pour l'expression de la vitesse ascensionnelle dans un tir suivant la verticale

$$v = \frac{F}{m}\log(\frac{M}{M-mt}) - gt.$$

Dans le cas où la fusée serait dirigée verticalement du haut en bas, on aurait

$$v = \frac{F}{m} \log\left(\frac{M}{M-mt}\right) + gt.$$

Enfin, si la fusée était lancée horizontalement sur un plan également horizontal et s'il n'y avait ni obstacle, ni frottement, l'action de la pesanteur serait détruite par la résistance du plan et la vitesse de la fusée serait par l'hypothèse :

$$\theta = 0 \quad \text{et} \quad g = 0,$$

$$v = \frac{F}{M} \log \frac{M}{M-mt}.$$

Revenons à l'équation (5) qui donne la valeur de l'abscisse à un instant quelconque t

$$x = \frac{F\cos\theta}{m^2}\left[(M-mt)\log\left(\frac{M-mt}{M}\right) + mt\right], \quad (5)$$

et remplaçons le logarithme par son développement en série.

Il vient, toutes déductions faites,

$$x = \frac{F\cos\theta\, t^2}{M}\left[\frac{1}{2} + \frac{mt}{6M} + \frac{m^2 t^2}{12M^2} + \frac{m^3 t^3}{20M^3} + ...\right] \quad (12)$$

Cette formule fait voir que x augmente rapidement avec le temps t et avec le coefficient de combustibilité m, ou avec la quantité de composition fusante brûlée dans l'unité de temps.

Une substitution semblable effectuée dans l'équation (6) donne

$$y = \frac{F\sin\theta\, t^2}{M}\left[\frac{1}{2} + \frac{mt}{6M} + \frac{m^2 t^2}{12M^2} + \frac{m^3 t^3}{20M^3} + ...\right] - \frac{g t^2}{2} \quad (13)$$

Pour analyser cette formule, supposons t tellement petit que tous les termes qui en sont affectés dans la partie entre parenthèses puissent être négligés devant la valeur $\frac{1}{2}$, nous aurons pour la valeur de **y**

$$\frac{t^2}{2}[\frac{F\sin\theta}{M}-g].$$

Ainsi que nous l'avons déjà fait remarquer, l'ordonnée y sera négative si l'on a

$$\frac{F\sin\theta}{M}<g,$$

et le projectile s'abaissera jusqu'au moment où, par suite de l'accroissement du temps t, le second membre de l'équation (16) devient positif en passant par zéro et augmente ensuite de plus en plus. A partir de la valeur $mt=\lambda,$ la courbe devient parabolique, comme nous l'avons déjà dit.

CONCLUSION

Les facteurs de la force accélératrice de la fusée sont :

1° Une composition fusante dont la combustion développe une quantité considérable de gaz doués d'une grande force élastique.

2° Une grande combustibilité de la composition favorisée par une grande surface d'inflammation afin de produire un rapide dégagement des gaz.

3° Enfin comme conséquence du § 2°, une diminution rapide du poids de la fusée.

Le rapport de la masse totale de la composition fusante à celle de la fusée, doit être un maximum. Le poids du système entier doit être au minimum. L'angle d'inclinaison de la fusée ne change pas pendant toute la durée de la trajectoire dans le vide.

La tangente initiale à la trajectoire est inférieure à l'inclinaison de la fusée.

La trajectoire est comprise entre cette tangente et la droite qui forme le prolongement de l'axe de la fusée au moment du tir.

La tangente à la trajectoire s'incline de moins en moins et se rapproche toujours davantage du parallélisme avec l'inclinaison de la fusée à mesure que le temps s'écoule.

La trajectoire tourne sa convexité vers le sol, contrairement à ce qui a lieu dans le tir des projectiles lancés par les armes à feu.

La plus grande portée s'obtient dans le tir horizontal, pourvu que la batterie soit assez élevée pour que la trajectoire ne rencontre pas le sol avant d'atteindre le but.

La vitesse du mobile augmente constamment pendant la durée de la trajectoire pour autant que la composition fusante n'est pas entièrement comburée. Cette vitesse deviendrait infinie si toute la fusée ne formait qu'une masse de composition fusante et pouvait ainsi se convertir entièrement en gaz moteurs.

Lorsque toute la composition fusante est brûlée, la force motrice propre à la fusée est détruite et le mobile continue à se mouvoir en vertu de la vitesse acquise en parcourant une trajectoire parabolique.

DEUXIÈME CLASSE DE FUSÉES.

Trajectoire dans le vide des fusées à centre de gravité excentrique avec l'axe du cartouche, c'est-à-dire, munies d'une baguette.

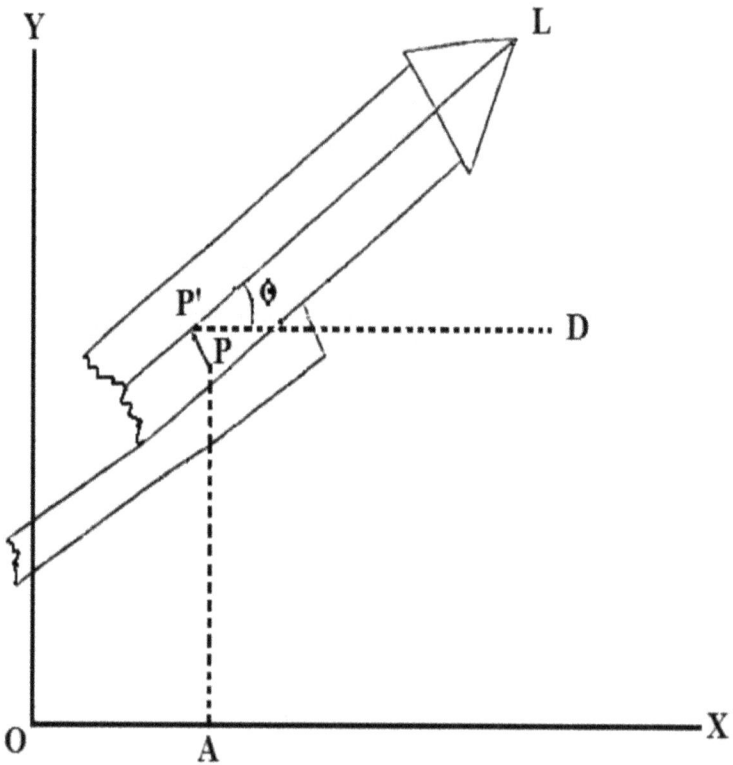

Lorsque le centre de gravité de la fusée ne passe point par le centre de figure, la force motrice F ne rencontre plus ce centre et l'on peut alors décomposer le mouvement de fusée en deux autres, l'un de translation, relatif à son centre de gravité, et l'autre de rotation autour de ce point.

Le mouvement de rotation a lieu comme si le centre de gravité était fixe, et celui de translation se produit comme si toutes les forces étaient appliquées à ce centre.

Lors du tir, on place la fusée de manière que la baguette soit au-dessous du cartouche et que le centre de gravité du système coïncide avec le plan vertical du tir passant par l'axe de la fusée. Tout étant symétrique à droite et à gauche de ce plan, les résultantes des forces y seront comprises et nous pourrons considérer le mouvement comme si toutes les forces y étaient situées.

Menons le plan des coordonnées par le plan vertical du tir, les abscisses étant horizontales et les ordonnées verticales, et plaçons l'origine des coordonnées à la position primitive du centre de gravité de la fusée.

Les coordonnées x et y se rapporteront au centre de gravité du mobile à un instant quelconque t. Le centre de gravité de la fusée par suite de la combustion de la composition fusante se déplace à chaque instant, et c'est le mouvement de ce centre mobile que nous considérerons. On trouvera dans les notes qui accompagnent ce mémoire les calculs nécessaires à la détermination de la position variable de ce centre, et tous ceux relatifs au moment d'inertie de la fusée à un instant quelconque t de la trajectoire. Nous y renvoyons nos lecteurs.

Soient :

P	la position variable du centre de gravité de la fusée à un instant quelconque t de la combustion ;
$P'L$	l'axe du cartouche à un instant quelconque t ;
$\beta = PP'$	la perpendiculaire menée du point P sur $P'L$;
$x = OA$	les coordonnées du centre de gravité P de la fusée ;
$y = AP$	
w	la vitesse angulaire de la fusée autour de son centre de gravité ;
θ	l'angle $LP'D$, l'angle variable que fait l'axe de la fusée avec celui des x ;
v	la vitesse du centre de gravité P suivant la tangente à la trajectoire.

Les composantes horizontales et verticales des forces motrices qui agissent sur la fusée sont :

$F \cos\theta$	composante horizontale ;
$F \sin\theta$	composantes verticales.
$-g(M - mt)$	

Les forces accélératrices étant égales au quotient des forces motrices par les masses auxquelles elles sont appliquées, on a :

$$\frac{d^2 y}{d t^2} = \frac{F \sin \theta}{M - mt} - g \quad (1)$$

$$\frac{d^2 x}{d t^2} = \frac{F \cos \theta}{M - mt} - g \quad (2)$$

Toutes les forces étant contenues dans le plan du tir, le mouvement de rotation se produira autour de la perpendiculaire à ce plan passant par le centre de gravité de la fusée au moment considéré.

L'action de la pesanteur qui s'exerce sur le centre de gravité de la fusée ne peut lui imprimer aucun mouvement de rotation. Il n'en est pas de même de la force motrice F dirigée suivant l'axe du mobile et dont le bras de levier relativement au centre de gravité est $PP'' = \beta$.

L'accroissement de la vitesse angulaire autour du point P, provoqué par l'impulsion F, est dw, on a la relation

$$\frac{dw}{dt} = \frac{F \beta}{(M - mt) I'^2} \quad (3)$$

$(M - mt) I'^2$ étant le moment d'inertie de la fusée relativement à une droite menée par le centre de gravité et perpendiculaire au plan vertical du tir.

L'angle variable θ que fait l'axe de la fusée avec celui des x, est une fonction du temps. Nous déterminerons cet angle au moyen de la relation

$$d\theta = -w dt \quad (4)$$

La différentielle $d\theta$ est négative parce que θ diminue quand t augmente.

On verra, dans une note, que b représentant la perpendiculaire abaissée du centre de gravité de la fusée avant la combustion sur l'axe de la fusée, on a entre b et β la relation

$$\beta = \frac{Mb}{M - mt} \quad \text{, (Note I équation 5) (5)}$$

cette valeur introduite dans l'équation (3) donne

$$\frac{dw}{dt} = \frac{FMb}{(M - mt)^2 I'^2} \quad (6)$$

On a (note II) en représentant par

MI^2 le moment d'inertie primitif de la fusée relativement à un axe passant par son centre de gravité avant la combustion et perpendiculaire au plan vertical du tir ;

R le rayon du vide intérieur du cartouche ;

h la hauteur du vide conique dans la composition fusante ;

l la longueur de composition fusante brûlée dans l'unité de temps ;

a la distance de la perpendiculaire b à la base du vide conique de la composition fusante avant la combustion. Les grandeurs a et b sont les deux coordonnées du centre de gravité de la fusée avant la combustion prises relativement à l'axe de la fusée et à la base du vide conique ;

$(M - mt)I'^2$ le moment d'inertie de la partie restante de la fusée au bout du temps t de combustion, pris relativement à une droite perpendiculaire au plan vertical du tir et passant par le centre de gravité de la partie restante ;

la relation (note II, équation 13)

$$(M-mt)I'^2 = MI^2 - \frac{Mmt}{M-mt}\left[\left(a+\frac{1}{2}lt+\frac{1}{3}h\right)^2+b^2\right]-mt\left[\frac{R^2}{4}+\frac{h^2}{18}+\frac{l^2t^2}{12}\right],$$

d'où

$$\frac{dw}{dt}=\frac{FMb}{M-mt} \quad \text{X} \quad \frac{1}{MI^2-\frac{Mmt}{M-mt}\left[\left(a+\frac{1}{2}lt+\frac{1}{3}h\right)^2+b^2\right]-mt\left[\frac{R^2}{4}+\frac{h^2}{18}+\frac{l^2t^2}{12}\right]} \quad ,$$

$$dw=\frac{FMbdt}{(M-mt)MI^2-(Mmt)\left[\left(a+\frac{1}{2}lt+\frac{1}{3}h\right)^2+b^2\right]-mt(M-mt)\left[\frac{R^2}{4}+\frac{h^2}{18}+\frac{l^2t^2}{12}\right]} \quad (7)$$

Le dénominateur est une expression algébrique rationnelle du quatrième degré par rapport à *t*. On pourra toujours le décomposer en facteurs égaux ou inégaux du second degré dont les racines seront réelles ou imaginaires, égales ou inégales. Au moyen de ces racines on décomposera le coefficient de *dt* en fractions dont les dénominateurs seront du premier ou du second degré, et que l'on intégrera par des procédés connus.

Pour fixer les idées, nous supposerons que les racines soient réelles et inégales. L'équation (7) peut se mettre sous la forme intégrable

$$dw=\frac{12FMbdt}{m^2l^2}\left[\frac{A'}{A-t}+\frac{B'}{B-t}+\frac{C'}{C-t}+\frac{D'}{D-t}\right] \qquad (8)$$

A, *B*, *C*, *D*, étant les racines de l'équation et *A'*, *B'*, *C'*, *D'*, des coefficients composés de quantités constantes que l'on déterminera par la méthode des coefficients indéterminés.

S'il y avait des racines égales, l'équation prendrait une autre forme qui serait également intégrable. C'est seulement comme exemple que nous avons posé l'équation (8).

On obtient par l'intégration

$$w=\frac{12\text{FMb}'}{m^2l^2}[A'\log\frac{1}{A-t}+B'\log\frac{1}{B-t}+C'\log\frac{1}{C-t}+D'\log\frac{1}{D-t}+K] \quad .$$

Nous trouverons la valeur de K en posant à la fois $w=0$, $t=0$, d'où

$$K=\frac{12\text{FMb}}{m^2t^2}[A'\log A+B'\log B+c'\log C+D'\log D] \quad .$$

il en résulte

$$w=\frac{12\text{FMb}}{m^2l^2}[A'\log\frac{A}{A-t}+B'\log\frac{B}{B-t}+C'\log\frac{C}{C-t}+D'\log\frac{D}{D-t}+K] \quad (9)$$

substituant cette valeur dans l'équation (4), on a

$$d\theta=-\frac{12\text{FMbdt}}{m^2l^2}[A'\log\frac{A}{A-t}+B'\log\frac{B}{B-t}+C'\log\frac{C}{C-t}+D'\log\frac{D}{D-t}] \quad ,$$

$$d\theta=-\frac{12\text{FMbdt}}{m^2l^2}[A'\log\frac{A-t}{A}+B'\log\frac{B-t}{B}+C'\log\frac{C-t}{C}+D'\log\frac{D-t}{D}] \quad ,$$

En intégrant par parties on trouve

$$\theta=\frac{12\text{FMb}}{m^2l^2} \quad [\quad A'[(A-t)(1+\log\frac{1}{A-t})+t\log\frac{1}{A}]+ \quad ...$$

$$+B'[(B-t)(1+\log\frac{1}{B-t})+t\log\frac{1}{B}]+ \quad ..$$

$$+C'[(C-t)(1+\log\frac{1}{C-t})+t\log\frac{1}{C}]+ \quad .$$

$$.$$

$$+D'[(D-t)(1+\log\frac{1}{D-t})+t\log\frac{1}{D}]+K \quad]$$

On déterminera facilement la constante K par la supposition qu'on a à la fois $t=0$ et $\theta=\chi$ χ étant l'inclinaison de la fusée au moment du tir.

L'inclinaison θ de la fusée étant connue en fonction du temps au moyen de l'équation (10), nous pouvons l'introduire dans les équations (1) et (2) où nous aurons $\frac{d^2y}{dt^2}$ et $\frac{d^2x}{dt^2}$ exprimés également en fonction de la variable t. Une première intégration nous donnera les valeurs $\frac{dy}{dt}$ et $\frac{dx}{dt}$ qui sont les composantes verticales et horizontales de la vitesse du mobile. On en déduira par une simple division la tangente $\frac{dy}{dx}$ à la trajectoire. Enfin une deuxième intégration nous donnera les coordonnées x et y en fonction du temps. Les variables sont complètement séparées ; mais la complication des formules, dans leur état actuel, n'en permet pas l'usage.

On aurait des approximations plus ou moins grandes en développant le second membre de l'équation (10) en séries convergentes, ce qui donnerait pour θ une fonction algébrique de t comprenant deux ou trois termes de forme rationnelle. On développerait de même $\sin θ$ et $\cos θ$ dans les équations (1) et (2) en séries convergentes en fonction de θ ; puis on substituerait à θ la valeur algébrique exprimée en fonction de t, et l'on aurait alors des formules intégrables. Toutefois ces développements, en séries convergentes, ne peuvent être opérés que lorsque les valeurs, exprimées par les lettres, seront remplacées par des nombres que donnera la fusée réelle dont on voudra connaître la trajectoire.

La formule (9) fait voir que la vitesse angulaire w est d'autant plus rapide que la distance b du centre de gravité de la fusée à son axe de figure est elle-même plus grande. Cette vitesse angulaire croît aussi avec le temps t.

Il en résulte que la trajectoire (formules 9 et 10) de la fusée à centre de gravité excentrique tourne sa concavité vers le sol, à l'opposé de la trajectoire de la fusée avec centre de gravité concentrique avec l'axe de figure.

On obtiendrait ne première simplification de la formule (10) en supposant que l'on puisse négliger les logarithmes devant les quantités auxquelles ils s'ajoutent.

L'équation (10) deviendrait dans cette hypothèse

$$\theta = \frac{12FMb}{m^2 l^2}[A'(A-t)+B'(B-t)+C'(C-t)+D'(D-t)+K']$$

La constante K' serait déterminée par la supposition qu'à l'origine on a

$$\theta = \chi \quad \text{et} \quad t=0 \quad ,$$

d'où $\quad \chi = \frac{12FMb}{m^2 l^2}[AA'+BB4+CC'+DD'+K'] \quad .$

La valeur de θ serait une fonction de la forme

$$\theta = Q - Q't \quad ,$$

Q et Q' étant des coefficients composés avec les données de la fusée.

Le développement de $\sin\theta$ et $\cos\theta$ en fonction de t serait possible, et les intégrations successives des équations (1) et (2) seraient faisables.

Quelque incomplète que soit cette solution, on peut en tirer plusieurs conséquences utiles dans la pratique. On aperçoit déjà l'influence de la position de centre de gravité en dehors de l'axe de figure.

En effet, tandis que pour la fusée à centre de gravité concentrique avec l'axe de figure, la tangente à la trajectoire tend constamment à regagner le parallélisme avec l'inclinaison primitive de la fusée au moment du tir ; au contraire, la fusée munie d'une baguette dont la présence détermine une position du centre de gravité en dehors de l'axe du cartouche, cette fusée, disons-nous, par suite de la rotation qui lui est imprimée, suit une direction toujours plus divergente avec l'inclinaison primitive.

L'inclinaison de la fusée, par rapport à l'horizon, diminuant constamment, la composante verticale de la force motrice F s'amoindrit en même temps et l'action de la pesanteur devient toujours plus prépondérante. L'angle que l'axe de la fusée fait avec l'horizontale devenant toujours plus petit, la direction du mobile finit par devenir horizontale, puis s'incline de plus en plus sous l'horizon.

Dans cette partie de la trajectoire la composante verticale de la force motrice F s'ajoute à la pesanteur, et la chute de la fusée devient à chaque instant plus rapide.

Ces trajectoires de deux espèces peuvent être utilisées à la guerre. Les fusées à centre de gravité, sur l'axe de figure, peuvent être tirées avantageusement des batteries placées sur les hauteurs et dans la direction horizontale contre les troupes, le matériel et les ouvrages défensifs. La fusée à centre de gravité excentrique par la forme courbe de sa trajectoire finale est propre à atteindre un but derrière des abris et à enfoncer les toits et les couvertures des divers locaux.

Ces conditions d'une trajectoire plongeante sont obtenues dans le tir réel, avec la résistance de l'air aux grandes distances, parce qu'alors la direction de la fusée coïncide à peu près avec celle de la tangente à la trajectoire.

La résistance de l'air dirigée suivant la tangente à la trajectoire a deux composantes : l'une, suivant l'axe de la fusée et appliquée sur la tête, tend à diminuer l'action de la force motrice F ; l'autre, composante perpendiculaire à cet axe, a sa résultante appliquée en un point invariable de la surface de révolution de la fusée pendant toute la durée du mouvement, et tend constamment à ramener l'axe de la fusée dans la direction de la tangente à la trajectoire. On peut admettre que cette coïncidence a lieu très peu de temps après le mouvement initial.

La mise en équation du mouvement de la fusée dans l'air ne présente aucune difficulté, mais, par l'introduction de cette résistance, la force accélératrice est exprimée en fonction de plusieurs variables dont la séparation n'est pas possible. L'intégration ne pouvant avoir lieu, cette partie du problème, à savoir le mouvement des fusées dans l'air, est sans objet analytique.

Dans l'état actuel de la question, la forme de la trajectoire et les circonstances du mouvement dans l'air sont plutôt du domaine de l'empirisme.

Une formule logarithmique ou exponentielle serait, probablement, la plus propre à relier entre elles les diverses données fournies par des expériences sur le tir des fusées. Nous ne nous occuperons pas de ces applications physico-mathématiques.

NOTES

NOTES

—

I.

*Détermination de la position du centre de gravité de la fusée
munie d'une baguette à un instant quelconque t de la combustion.*

Dans notre hypothèse tout est symétrique à droite et à gauche
du plan vertical du tir. Ce plan contient le centre de gravité de la
fusée avant et pendant la combustion ainsi que le centre de gravité
de la partie brûlée de la composition.

Nous admettrons que le vide forcé dans la composition fusante
est conique, concentrique avec le cartouche et ayant à la base le
même diamètre que celui de la partie cylindrique de la composition
fusante.

La combustion se fait régulièrement par couches parallèles et
d'égales épaisseurs pour des temps égaux.

Soient (en projection) QSC le vide conique primitif en arrière de
la composition fusante avant la combustion ;

$Q'S'C'$ le vide conique en arrière de la composition fusante
après un temps t de combustion.

Afin d'abréger le discours, nous représenterons les volumes par
les surfaces qui les engendrent. Ainsi nous dirons que QQ', $S'S$ est

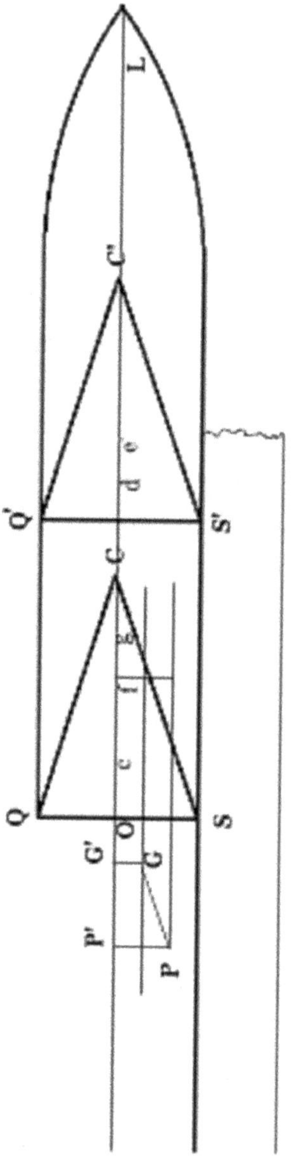
L
C''
Q'
S'
d
e
C
f
c
Q
O
S
G'
G
P'
P

le cylindre produit par la révolution de ce rectangle autour de l'axe de la fusée, comme OCS, $O'C'S'$, représenteront les vides coniques en arrière de la composition fusante respectivement avant la combustion et au bout d'un temps quelconque t de la combustion.

Le volume de la partie brûlée de composition est celui projeté en $QCSS'C'Q'Q$, mais il est visible que ce volume équivaut au solide du cylindre $QSS'Q'$, dont le diamètre est celui du cylindre de la composition fusante et dont la longueur est celle QQ' parcourue par la surface brûlée pendant le temps t.

En effet le volume de la partie brûlée se compose du cylindre $QSS'Q'$ augmenté du cône $Q'C'S'$ et diminué du cône QCS. Mais ces deux cônes sont égaux ; il reste donc le cylindre $QSS'Q'$ pour le volume de la partie brûlée. Soient donc

$R=OQ$ le rayon du cylindre intérieur du cartouche comme aussi de la base des cônes QCS, $Q'C'S'$;

$l=$	la longueur de composition brûlée dans l'unité de temps ;
$lt=QQ'$	la longueur de la partie brûlée de composition dans le temps t ;
$h=OC=dC'$	la hauteur du vide conique en arrière de la composition fusante à uninstant quelconque ;
m	la masse de composition brûlée dans l'unité de temps ;
mt	la masse de composition brûlée dans le temps t ;
e	le centre de gravité du vide conique QCS avant la combustion ;

e'	le centre de gravité du vide conique $Q'C'S'$ en de la composition fusante au bout du temps t ;
f	le centre de gravité du cylindre $QQ'S'S$;
G	le centre de gravité de la fusée avant la combustion. La présence de la baguette fait que ce point est situé en dehors de l'axe de la fusée ;
P	le centre de gravité de la fusée au bout du temps t de combustion ;
g	le centre de gravité de la partie brûlée de la composition fusante au bout du temps t ;
$z=og$	la distance du centre de gravité de la partie brûlée à l'orifice primitif QS de la fusée ;
V	le volume du cône QCS égal au cône $Q'C'S'$;
$V = \dfrac{1}{3}\pi R^2 h$	
$\pi R^2 l\, t$	le volume du cylindre $QQ'S'S$;
δ	la masse de la composition fusante sous l'unité de volume ;
$\pi R^2 l\, t\, \delta = mt$	la masse de la composition fusante brûlée au bout du temps t.

En vertu des propriétés connues des centres de gravité des figures géométriques, on a

$$oe = \frac{1}{4}OC = \frac{h}{4} = de'$$

$$of = \frac{1}{2}QQ' = \frac{1}{2}l\,t$$

Nous calculerons la distance z au moyen de la théorie des moments et en prenant ces moments relativement à la base QS du vide conique primitif QSC.

Le volume $QQ'C'S'SCQ$ de la partie brûlée est égal au cylindre $QQ'S'S$ augmenté du cône $Q'C'S'$ et diminué du cône QCS.

Par conséquent le moment du volume de composition brûlée sera égal à la somme des moments du cylindre $QQ'S'S$ et du cône $Q'C'S'$ diminué du moment du cône QCS.

Les moments de ces volumes sont :

$\pi R^2 l t z$ moment du volume de la partie brûlée ;

$\pi R^2 l t \times \dfrac{1}{2} l t$ moment du cylindre $QQ'S'S$;

$V \left(l t + \dfrac{1}{4} h \right)$ moment du cône $Q'C'S'$;

$V \times \dfrac{1}{4} h$ moment du cône QCS ;

d'où

$$\pi R^2 l t z = \frac{1}{2}\pi R^2 l^2 t^2 + V\left(l t + \frac{1}{4}h\right) - V\frac{h}{4} \quad ,$$

on en déduit

$$z = \frac{\frac{1}{2}\pi R^2 l t + V}{\pi R^2} \quad .$$

Substituant à V sa valeur $\dfrac{1}{3}\pi R^2 h$, on obtient

$$z = \frac{1}{2} l t + \frac{1}{3} h \quad (1)$$

Désignons par

$a = G'O$ }   les coordonnées connues du centre de
                     gravité G de la fusée avant la combustion
$b = GG'$ relativement à l'axe OL et à la base QS ;

$\alpha = P'O$ }   les coordonnées du centre de gravité de la
                     partie restante de la fusée au bout du temps
$\beta = PP'$ t de combustion ;

M la masse totale de la fusée avant la
                     combustion ;

$M-mt$ la masse restante de la fusée après le temps
                     t de combustion.

Nous déterminerons α et β en prenant les moments de la partie brûlée et de la partie restante de la fusée au bout du temps t, relativement aux droites GG' et GK passant par le centre de gravité G de la fusée totale et respectivement perpendiculaire et parallèle à l'axe OL de la fusée.

Il est à remarquer qu'à mesure que la masse de composition fusante diminue et par suite celle de la fusée proprement dite, le centre de gravité du système entier doit se rapprocher du centre de gravité de la baguette, et par suite la distance PP' doit être plus grande que GG'.

Une considération semblable fait voir que la distance OP' doit surpasser OG'. D'ailleurs les grandeurs PP' et OG' résulteront des calculs eux-mêmes.

Établissant relativement au centre de gravité de la fusée avant la combustion l'égalité des moments de la partie brûlée et de la partie restante après le temps t, nous aurons les égalités

$$(M-mt) \quad \text{X} \quad GP''=mt \quad \text{X} \quad ff'$$

$$(M-mt) \quad \text{X} \quad PP''=mt \quad \text{X} \quad f'G$$

Mais

$$GP''=\beta-b \quad ,$$

$$ff'=GG'=b \quad ,$$

$$PP''=P'G'=P'O-G'O=\alpha-a \quad ,$$

$$f'G=fG'=og+G'O=a+z \quad ,$$

d'où

$$(M-mt)(\beta-b)=mtb \quad (2)$$

$$(M-mt)(\alpha-a)=mt(a+z)=mt\left(a+\frac{1}{2}lt+\frac{1}{3}h\right) \quad (3)$$

On en tire

$$\alpha=\frac{mtz+aM}{M-mt}=\frac{aM+mt\left(\frac{1}{2}lt+\frac{1}{3}h\right)}{M-mt} \quad (4)$$

$$\beta=\frac{Mb}{M-mt} \quad (5)$$

II.

Détermination du moment d'inertie de la partie restante de la fusée, après le temps t *de combustion, relativement à une droite passant par le centre de gravité de la partie restante et perpendiculaire au plan vertical du tir.*

Le moment total d'inertie d'un système quelconque étant égal à la somme des moments d'inertie partiels, nous considérerons, dans la fusée, le moment d'inertie avant la combustion que nous supposons connu par l'expérience ou le calcul, et le moment d'inertie de la partie brûlée de la composition fusante. En retranchant le second moment du premier, nous aurons évidemment le moment d'inertie de la partie restante de la fusée.

Pour avoir le moment d'inertie de la partie brûlée, nous prendrons ceux partiels des volumes qui le composent relativement à un axe passant par le centre de gravité de la partie brûlée, et nous rapporterons ensuite le moment qui en résultera au centre de gravité de la fusée après la combustion.

Nous conservons les notations précédentes employées à la note (1).

Le moment d'inertie de la partie brûlée est égal à celui du cylindre $QQ'S'S$ augmenté de celui du cône $Q'C'S'$ moins celui du cône QCS, tous les moments étant pris relativement à un axe perpendiculaire au plan vertical du tir et passant par le point g qui est le centre de gravité de la partie brûlée.

1° La masse du cylindre de composition fusante est égale à *mt*, et son moment d'inertie pris par rapport à son propre centre de gravité situé en *f* est, comme on peut le calculer facilement,

$$mt[\frac{R^2}{4}+\frac{l^2t^2}{12}] \quad (1)$$

Le moment d'inertie du même cylindre de composition relativement au point *g*, est à cause de

$$fg=og-of=z-\frac{1}{2}lt \quad ,$$

$$mt[\frac{R^2}{4}+\frac{l^2t^2}{12}+(z-\frac{1}{2}lt)^2] \quad (2)$$

2° La masse du cône de composition fusante $Q'S'C'$ est

$$\frac{1}{3}\pi R^2 h\delta \quad .$$

Mais de l'égalité

$$\pi R^2 lt\delta = mt$$

on déduit

$$\delta=\frac{m}{\pi R^2 t} \quad ,$$

et la masse du cône de composition brûlée devient

$$\frac{1}{3}\pi R^2 h\delta=\frac{mh}{3l} \quad (3)$$

On trouvera sans peine que le moment d'inertie du cône $Q'S'C'$ de composition fusante relativement à un axe perpendiculaire au plan vertical du tir et passant par le centre de gravité de ce cône est

$$\frac{1}{3}\pi R^2 h\delta[\frac{3R^2}{20}+\frac{3h^2}{80}]$$

ou, à cause de l'équation (3),

$$\frac{mh}{3t}[\frac{3R^2}{20}+\frac{3h^2}{80}] \quad (4)$$

La distance entre les centres de gravité e' et g est

$$ge'=gd+de'=od-og+de' \quad ,$$

$$ge'=lt-z+\frac{1}{4}h \quad .$$

Par suite le moment d'inertie du cône $Q'C'S'$ relativement à l'axe projeté en g est

$$\frac{1}{3}\frac{mh}{l}[\frac{3R^2}{20}+\frac{3h^2}{80}+(lt-z+\frac{1}{4}h)^2] \quad (5)$$

Le moment d'inertie du cône QSC relativement à une droite passant par son centre de gravité et perpendiculaire à l'axe de figure est le même que celui du cône $Q'S'C'$ (formule 4) : on prendra de même ce moment par rapport à l'axe projeté en g, en considérant que

$$eg=og-oe=z-\frac{1}{4}h \quad ,$$

d'où, pour le moment d'inertie du cône QSC relativement à l'axe projeté en g,

$$\frac{mh}{3l}[\frac{3R^2}{20}+\frac{3h^2}{80}+(z-\frac{1}{4}h)^2] \quad (6)$$

3° Désignons actuellement par mtl''^2 le moment d'inertie de la partie brûlée de composition relativement à l'axe projeté en son centre de gravité g. Ce moment d'inertie sera égal à la somme des moments (2) et (5) diminué du moment (6), il en résulte,

$$mtl''^2=mt[\frac{R^2}{4}+\frac{l^2t^2}{12}+(z-\frac{1}{2}lt)^2]+\frac{mh}{3l}[\frac{3R^2}{20}+\frac{3h^2}{80}+(lt-z+\frac{1}{4}h)^2]-\frac{mh}{3l}[\frac{3R^2}{20}+\frac{3h^2}{80}+(z-\frac{h}{4})^2] \quad (7)$$

Substituant à la place de z sa valeur (note I, équation 1)

$$z = \frac{1}{2} l\, t + \frac{1}{3} h \quad.$$

On obtient, toute réduction faite,

$$mt l''^2 = mt \left[\frac{R^2}{4} + \frac{l^2 t^2}{12} + \frac{h^2}{18} \right] \quad (8)$$

4° Déterminons actuellement le moment d'inertie de la partie brûlée de la composition par rapport au centre de gravité P de la partie restante de la fusée.

On a

$$\overline{Pg}^2 = \overline{PP'}^2 + \overline{l'g}^2 \quad.$$

Mais

$$P'g = P'o + og = \alpha + z \qquad\qquad PP' = \beta \quad,$$

d'où

$$\overline{Pg}^2 = \beta^2 + (\alpha + z)^2 \quad (9)$$

Nous aurons l'expression du moment d'inertie cherché en ajoutant le terme $\overline{Pg}^2$ (ou son égal) dans la quantité entre parenthèses de la formule (8), ce qui donnera

$$mt \left[\frac{R^2}{4} + \frac{l^2 t^2}{12} + \frac{h^2}{18} + \beta^2 + (\alpha + z)^2 \right] \quad (10)$$

5° Désignons par MI^2 le moment d'inertie de la fusée avant la combustion, relativement à l'axe projeté sur le centre de gravité G de cette fusée. Nous aurons le moment d'inertie de la fusée avant la combustion relativement à un autre point P en ajoutant au facteur

l^2 le carré de la distance entre P et G. Or,

$$\overline{Pg}^2 = (PP'-GG')^2 + (OP'-P'G')^2 \quad,$$

ou bien

$$\overline{Pg}^2 = (\beta-b)^2 + (\alpha-a)^2 \quad.$$

Par suite l'expression du moment d'inertie de la fusée avant la combustion, pris relativement à l'axe projeté en P, sera

$$M[l^2+(\beta-b)^2+(\alpha-a)^2] \quad (11)$$

6° Soit $(M-mt)I'^2$ le moment d'inertie de la partie restante de la fusée relativement à l'axe projeté en P.

Le moment d'inertie de la fusée entière relativement à l'axe projeté en P est égal à la somme des moments d'inertie partiels de la partie brûlée de la composition et de la partie restante de la fusée ; on a donc, en faisant attention aux formules (11) et (10),

$$M[l^2+(\beta-b)^2+(\alpha-a)^2]=(M-mt)I'^2+mt[\frac{R^2}{4}+\frac{l^2t^2}{12}+\frac{h^2}{18}+\beta^2+(\alpha+z)^2] \quad (12)$$

D'après la note I on a

$$\alpha=\frac{aM+mt[\frac{1}{2}lt+\frac{1}{3}h]}{M-mt}$$

$$\beta=\frac{Mb}{M-mt} \quad.$$

Substituant ces valeurs dans l'équation (12) et tirant celle de $(M-mt)I'^2$, il vient

$$(M-mt)I'^2=MI^2-\frac{Mmt}{M-mt}[b^2+(\frac{1}{2}lt+\frac{1}{3}h+a)^2]-mt[R^2+\frac{l^2t^2}{12}+\frac{h^2}{18}] \quad (13),$$

équation qui peut généralement se mettre sous la forme

$$(M - mt)I'^2 = \frac{K[(t-A)(t-R)(t-C)(t-D)]}{M - mt} \quad (14)$$

A, B, C, et D étant les racines du second membre de l'équation (13) et K le coefficient de t^4 mis en évidence comme facteur de tout le polynôme.

Telle est l'expression du moment d'inertie de la partie restante de la fusée au bout du temps t de combustion, pris relativement à un axe passant par le centre de gravité du mobile en cet instant, et perpendiculaire au plan vertical du tir.

Anvers, 11 avril 1871.

Dépôt légal 1er trimestre 2018
Nielrow Editions
21000 – Dijon
France

www.ingramcontent.com/pod-product-compliance
Lightning Source LLC
Chambersburg PA
CBHW071336200326
41520CB00013B/3008